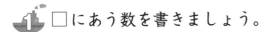

月 日

点

 □にあう数を書きましょう。　【1問　4点】

① 5 × □ = 10

> 「5のだん」で、答えが10に
> なる数を見つけよう。

JN051906

② 6 × □ = 30

⑦ 3 × □ = 21

③ 8 × □ = 16

⑧ 7 × □ = 56

④ 1 × □ = 7

⑨ 4 × □ = 36

⑤ 9 × □ = 63

⑩ 5 × □ = 40

> うらの問題も、がんばって！

□にあう数を書きましょう。 【1問 5点】

① $\boxed{} \times 3 = 18$

> 「3のだん」で，答えが18に
> なる数を見つけよう。

② $\boxed{} \times 4 = 16$

③ $\boxed{} \times 6 = 54$

④ $\boxed{} \times 2 = 8$

⑤ $\boxed{} \times 5 = 15$

⑥ $\boxed{} \times 4 = 28$

⑦ $\boxed{} \times 8 = 24$

⑧ $\boxed{} \times 9 = 72$

⑨ $\boxed{} \times 1 = 5$

⑩ $\boxed{} \times 8 = 72$

⑪ $\boxed{} \times 3 = 27$

⑫ $\boxed{} \times 7 = 49$

> 九九はしっかりおぼえておこうね！

次のわり算の答えをもとめるには，何のだんの九九を使えばよいですか。また，答えはいくつですか。　【1問　6点】

① 18÷3

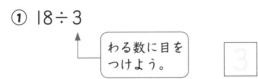

わる数に目をつけよう。

3 のだん　　答え _____

② 40÷5

☐ のだん　　答え _____

③ 24÷6

☐ のだん　　答え _____

④ 28÷4

☐ のだん　　答え _____

⑤ 63÷9

☐ のだん　　答え _____

② わり算をしましょう。

① $35 \div 7 =$

② $64 \div 8 =$

③ $3 \div 3 =$

④ $56 \div 7 =$

⑤ $9 \div 1 =$

⑥ $30 \div 5 =$

⑦ $49 \div 7 =$

⑧ $18 \div 2 =$

⑨ $48 \div 6 =$

⑩ $32 \div 4 =$

⑪ $54 \div 9 =$

⑫ $0 \div 2 =$

⑬ $42 \div 6 =$

⑭ $72 \div 8 =$

1 わりきれる計算と，わりきれない計算に分けて，記号で答えましょう。

【1問　5点】

⑦ $16 \div 8$ 　　　④ $20 \div 3$ 　　　⑦ $52 \div 6$

⊥ $81 \div 9$ 　　　⑦ $25 \div 4$ 　　　⑦ $21 \div 7$

① わりきれる計算 _____

② わりきれない計算 _____

2 わる数とあまりの大きさについて考えます。□にあう数を書きましょう。

【1問　6点】

① $15 \div 3 = \boxed{}$

② $16 \div 3 = \boxed{}$ あまり $\boxed{}$

③ $17 \div 3 = \boxed{}$ あまり $\boxed{}$

④ $18 \div 3 = \boxed{}$

⑤ $19 \div 3 = \boxed{}$ あまり $\boxed{}$

> わり算のあまりは，わる数より小さくなるようにするよ。

わり算をしましょう。　　　　　　　　　　　　　【1問　5点】

① 27÷5＝

② 22÷3＝

③ 15÷4＝

④ 39÷5＝

⑤ 26÷4＝

⑥ 11÷2＝

⑦ 20÷7＝

⑧ 31÷8＝

⑨ 40÷6＝

⑩ 61÷7＝

⑪ 76÷9＝

⑫ 59÷8＝

答えあわせをして，まちがえた
ところは直して 100 点にしよう！

4 あまりのあるわり算②

1 計算をして，答えのたしかめもします。□にあう数を書きましょう。　　　　【□1つ　2点】

① $19 \div 5 = \boxed{3}$ あまり $\boxed{4}$

（たしかめ）　$5 \times \boxed{} + \boxed{} = 19$

② $46 \div 8 = \boxed{}$ あまり $\boxed{}$

（たしかめ）　$8 \times \boxed{} + \boxed{} = 46$

③ $33 \div 6 = \boxed{}$ あまり $\boxed{}$

（たしかめ）　$6 \times \boxed{} + \boxed{} = 33$

2 次の計算の答えをたしかめましょう。　　　　【1問　8点】

① $13 \div 2 = 6$ あまり 1

（　　　　　　　　　　　　　）

② $41 \div 7 = 5$ あまり 6

（　　　　　　　　　　　　　）

① 13 ÷ 3 =

② 17 ÷ 2 =

③ 21 ÷ 4 =

④ 31 ÷ 4 =

⑤ 25 ÷ 3 =

⑥ 23 ÷ 6 =

⑦ 28 ÷ 8 =

⑧ 44 ÷ 5 =

⑨ 44 ÷ 9 =

⑩ 50 ÷ 7 =

⑪ 58 ÷ 8 =

⑫ 79 ÷ 9 =

5 何十，何百のわり算

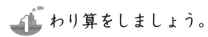 わり算をしましょう。　【1問　5点】

① 60÷2＝

> 60は10が6こ。
> 6÷2＝3だから，
> 答えは10が3こ分
> になるね。

② 80÷4＝

③ 50÷5＝

④ 210÷7＝

> 21÷7＝3をもとに
> して考えよう。

⑤ 270÷3＝

⑥ 300÷6＝

⑦ 200÷5＝

⑧ 560÷8＝

⑨ 630÷7＝

⑩ 360÷9＝

① 60÷20＝

60から20が何ことれるかを考えよう。

② 80÷40＝

③ 90÷30＝

④ 70÷30＝

あまりの数に気をつけよう。

⑤ 90÷20＝

⑥ 450÷50＝

10をもとにすると、45÷5だね。

⑦ 540÷90＝

⑧ 280÷70＝

⑨ 400÷60＝

⑩ 610÷80＝

月　日

点

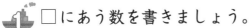
□にあう数を書きましょう。

【1問　6点】

①
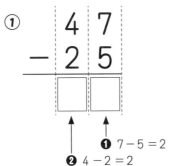

```
   4 7
 - 2 5
```
❶ 7−5＝2
❷ 4−2＝2

位ごとに計算をしたね。

②
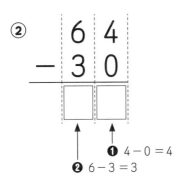

```
   6 4
 - 3 0
```
❶ 4−0＝4
❷ 6−3＝3

③
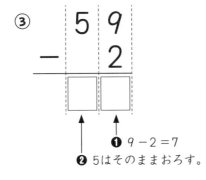

```
   5 9
 -   2
```
❶ 9−2＝7
❷ 5はそのままおろす。

④
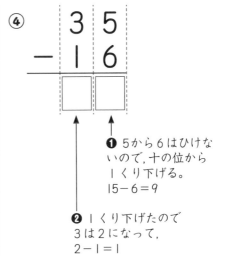

```
   3 5
 - 1 6
```
❶ 5から6はひけないので,十の位から1くり下げる。
15−6＝9
❷ 1くり下げたので3は2になって,
2−1＝1

⑤
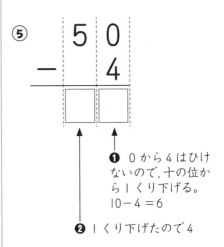

```
   5 0
 -   4
```
❶ 0から4はひけないので,十の位から1くり下げる。
10−4＝6
❷ 1くり下げたので4

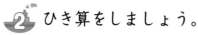

② ひき算をしましょう。

① 　78
　 −34

⑥ 　80
　 −24

② 　87
　 −27

⑦ 　90
　 −88

③ 　49
　 −　5

⑧ 　70
　 −　7

④ 　51
　 −16

⑨ 　28
　 −　9

⑤ 　42
　 −36

⑩ 　41
　 −25

一の位から，じゅんに
計算しよう。

□にあう数を書きましょう。

【1問　5点】

①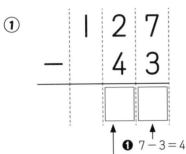

$$\begin{array}{r} 1\ 2\ 7 \\ -\ \ 4\ 3 \\ \hline \ \ \square\ \square \end{array}$$

❶ 7−3＝4

❷ 2から4はひけないので，百の位から1くり下げる。
12−4＝8

②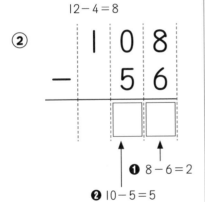

$$\begin{array}{r} 1\ 0\ 8 \\ -\ \ 5\ 6 \\ \hline \ \ \square\ \square \end{array}$$

❶ 8−6＝2

❷ 10−5＝5

③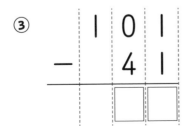

$$\begin{array}{r} 1\ 0\ 1 \\ -\ \ 4\ 1 \\ \hline \ \ \square\ \square \end{array}$$

④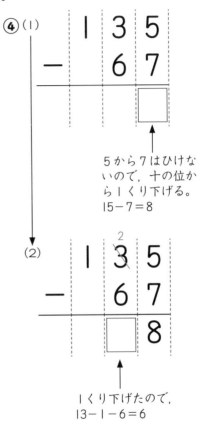

(1)

$$\begin{array}{r} 1\ 3\ 5 \\ -\ \ 6\ 7 \\ \hline \ \ \ \square \end{array}$$

5から7はひけないので，十の位から1くり下げる。
15−7＝8

(2)

$$\begin{array}{r} 1\ \overset{2}{\cancel{3}}\ 5 \\ -\ \ 6\ 7 \\ \hline \ \square\ 8 \end{array}$$

1くり下げたので，13−1−6＝6

⑤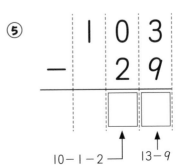

$$\begin{array}{r} 1\ 0\ 3 \\ -\ \ 2\ 9 \\ \hline \ \square\ \square \end{array}$$

10−1−2　　13−9

😊 **13** 😊

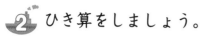
① 　１４６
　－　　７１

② 　１５４
　－　　８４

③ 　１１８
　－　　５０

④ 　１６８
　－　　８２

⑤ 　１０５
　－　　３３

⑥ 　１０２
　－　　２４

⑦ 　１２４
　－　　３８

⑧ 　１３１
　－　　８９

⑨ 　１００
　－　　　５

⑩ 　１０８
　－　　　９

8 2けた÷1けた①

🚢 □にあう数を書きましょう。　　　【□1つ　5点】

① 10÷2 = ▢

筆算

　5　　←（1）10の一の位の上に，答えの5を書く。

2) 1 0

1 0　←（2）「二五　10」の10を，10の下に位をそろえて書く。

0　←（3）10から10をひく。あまりは0。

② 14÷3 = ▢ あまり ▢

筆算

　4　　←（1）14の一の位の上に，答えの4を書く。

3) 1 4

　←（2）「三四　12」の12を，14の下に位をそろえて書く。

　←（3）14から12をひく。あまりは2。

（4）あまりの2が，わる数の3より小さいことをたしかめる。

```
    4 … 2
3) 1 4
    1 2
      2
```
←あまりがあるときは，左のように表すこともあります。

2 □にあう数を書きましょう。

【1問 6点】

①

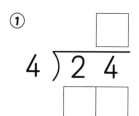

$4 \overline{)2\ 4}$

②

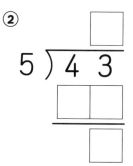

$5 \overline{)4\ 3}$

3 筆算をしましょう。

【1問 8点】

① $2 \overline{)9}$

② $8 \overline{)4\ 8}$

③ $9 \overline{)6\ 0}$

④ $7 \overline{)3\ 4}$

⑤ $6 \overline{)5\ 3}$

⑥ $4 \overline{)3\ 1}$

1 □にあう数を書きましょう。 【□1つ 5点】

── 26 ÷ 2 の筆算のしかた ──

❶ 十の位の計算

```
      ┌───
   2 )2  6
```

← (1) 十の位の 2 を 2 でわり，1 を十の位にたてる。

← (2) 2 と 1 をかける。

← (3) 2 から 2 をひく。0 は書かない。

❷

```
      1
   2 )2  6
      2
```

← (4) 一の位の 6 をおろす。

❸ 一の位の計算

```
      1  3
   2 )2  6
      2
      ───
         6
```

← (5) 6 を 2 でわり，3 を一の位にたてる。

← (6) 2 と 3 をかける。

← (7) 6 から 6 をひく。

17

2 □にあう数を書きましょう。　　　　　【1問　15点】

①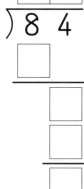

$$4\overline{)84}$$

②

$$5\overline{)75}$$

3 筆算をしましょう。　　　　　【1問　10点】

① $3\overline{)93}$

③ $5\overline{)80}$

② $4\overline{)52}$

④ $3\overline{)39}$

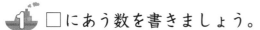

□にあう数を書きましょう。　　　【□1つ　5点】

─ 78 ÷ 6 の筆算のしかた ───────────

❶ 十の位の計算

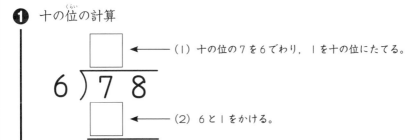

← (1) 十の位の7を6でわり，1を十の位にたてる。

← (2) 6と1をかける。

← (3) 7から6をひく。

❷

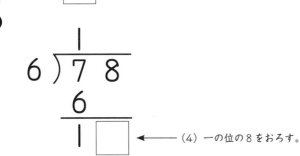

← (4) 一の位の8をおろす。

❸ 一の位の計算

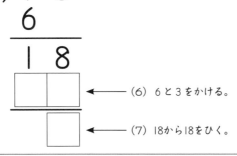

← (5) 18を6でわり，3を一の位にたてる。

← (6) 6と3をかける。

← (7) 18から18をひく。

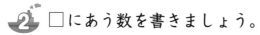

□にあう数を書きましょう。　　　　【1問　10点】

①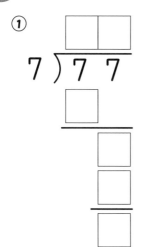

②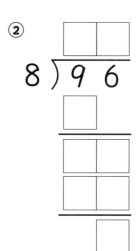

筆算をしましょう。　　　　【1問　10点】

① 6)84

② 7)91

③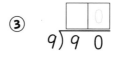

商の一の位は 0 だね。

④ 7)84

20

点

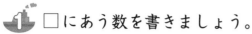

🚢 □にあう数を書きましょう。　　　【□1つ　5点】

─ 67 ÷ 4 の筆算のしかた ─

❶ 十の位の計算

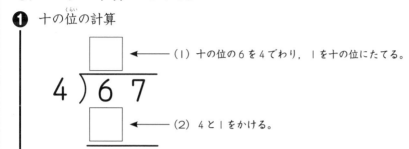

(1) 十の位の 6 を 4 でわり， 1 を十の位にたてる。

(2) 4 と 1 をかける。

(3) 6 から 4 をひく。

❷

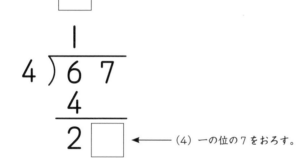

(4) 一の位の 7 をおろす。

❸ 一の位の計算

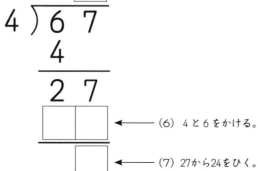

(5) 27を 4 でわり， 6 を一の位にたてる。

(6) 4 と 6 をかける。

(7) 27から24をひく。

①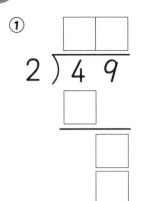

②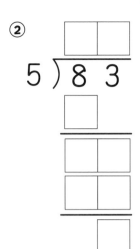

③ 筆算をしましょう。 【1問　10点】

① $3\overline{)95}$

② $2\overline{)33}$

③ $5\overline{)71}$

④ $4\overline{)82}$

月　日

点

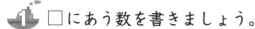

🚢 **1** □にあう数を書きましょう。　　　【□1つ　5点】

― 75 ÷ 6 の筆算のしかた ―

❶ 十の位の計算

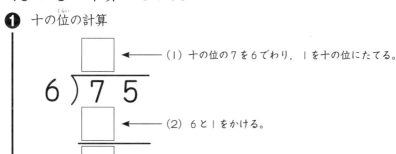

← （1） 十の位の7を6でわり，1を十の位にたてる。

6) 7 5

← （2） 6と1をかける。

← （3） 7から6をひく。

❷

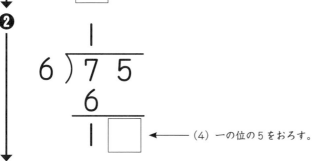

6) 7 5
　 6

← （4） 一の位の5をおろす。

❸ 一の位の計算

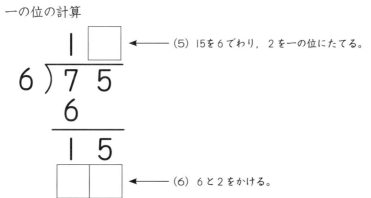

← （5） 15を6でわり，2を一の位にたてる。

6) 7 5
　 6
　 1 5

← （6） 6と2をかける。

← （7） 15から12をひく。

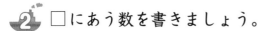

2 □にあう数を書きましょう。　　　　　　　　【1問　10点】

①

$$7 \overline{)\, 7\ 8}$$

②

$$8 \overline{)\, 9\ 7}$$

3 筆算をしましょう。　　　　　　　　【1問　10点】

①

$$9 \overline{)\, 9\ 5}$$

③

$$7 \overline{)\, 8\ 6}$$

②

$$6 \overline{)\, 8\ 3}$$

④

$$8 \overline{)\, 8\ 7}$$

月　日

点

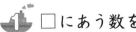 □にあう数を書きましょう。　【□1つ　5点】

769 ÷ 5 の筆算のしかた

❶ 百の位の計算

$$5 \overline{)769}$$

（1）7÷5で，百の位に1をたてる。
7÷5＝1あまり2

❷ 十の位の計算 ━━━━━━━━━→ ❸ 一の位の計算

十の位の計算:
$$5 \overline{)769}$$
　5
　2 6

一の位の計算:
$$\begin{array}{r} 15\square \\ 5\overline{)769} \\ 5 \\ \hline 26 \\ 25 \\ \hline 1\ 9 \end{array}$$

（2）6をおろす。
　26÷5で，十の位に
　5をたてる。
　26÷5＝5あまり1

（3）9をおろす。
　19÷5で，
　一の位に3
　をたてる。
　19÷5＝3あまり4

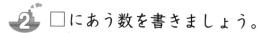

② □にあう数を書きましょう。

【1問　7点】

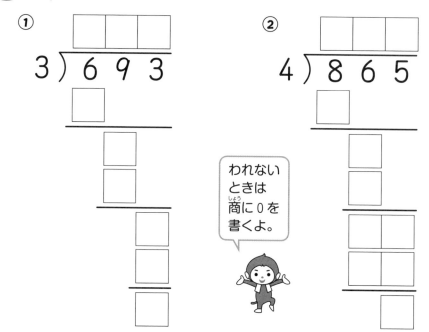

① 3)693

② 4)865

われない
ときは
商に0を
書くよ。

③ 筆算をしましょう。

【1問　7点】

① 6)968

② 7)842

③ 9)967

月 日

点

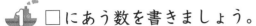

□にあう数を書きましょう。　　　　【□1つ　5点】

264 ÷ 5 の筆算のしかた

❶ 百の位の計算

$$5\overline{)264}$$

（1）2÷5だから，百の位に商は
　　　たたない。

❷ 十の位の計算

$$5\overline{)264}$$

（2）26÷5で，十の位に5をたてる。
　　　26÷5 = 5あまり1

❸ 一の位の計算

$$5\overline{)264}$$
$$25$$
$$14$$

（3）4をおろす。
　　　14÷5で，一の位に2をたてる。
　　　14÷5 = 2あまり4

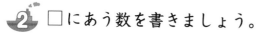

2 □にあう数を書きましょう。 【1問　10点】

①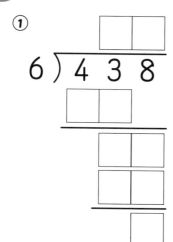

$6\overline{)438}$

②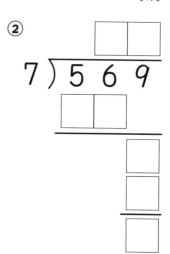

$7\overline{)569}$

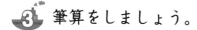

3 筆算をしましょう。 【1問　10点】

① $3\overline{)235}$

③ $4\overline{)376}$

② $8\overline{)541}$

④ $9\overline{)813}$

3けた÷
１けた
終わり！
よくがん
ばったね！

月　日

点

🚢 □にあう数を書きましょう。　　　　【□1つ　5点】

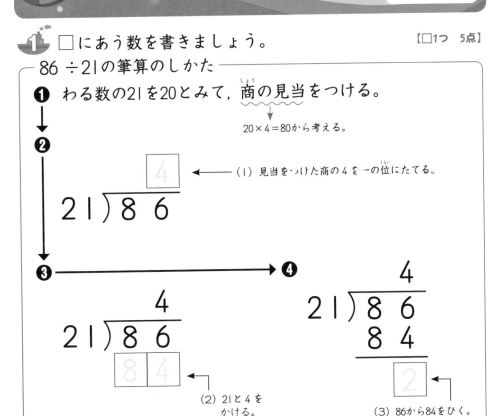

── 86 ÷ 21の筆算のしかた ──

❶ わる数の21を20とみて, 商の見当をつける。

20×4＝80から考える。

4 ← (1) 見当をつけた商の4を一の位にたてる。

21)86

❸ ──────────→ ❹

4
21)86
8 4 ← (2) 21と4をかける。

4
21)86
8 4
2 ← (3) 86から84をひく。

🚢 □にあう数を書きましょう。　　　　【1問　10点】

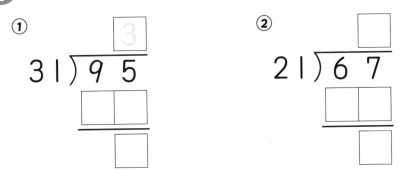

①

3
31)95

②

21)67

① 21〉45

② 21〉65

③ 21〉75

④ 31〉65

⑤ 31〉99

⑥ 41〉87

いくつでわれそうか,
商の見当をつけるんだよ。

16 2けた÷2けた②

1 □にあう数を書きましょう。 【□1つ 5点】

― 89 ÷ 41 の筆算のしかた ―

❶ わる数の41を40とみて，商の見当をつける。

↓ 40×2＝80から考える。

❷

2 ← (1) 見当をつけた商の2を一の位にたてる。

41) 8 9

❸ ⟶ **❹**

```
       2              2
41) 8 9          41) 8 9
   □□              8 2
                    □
```

(2) 41と2を
かける。

(3) 89から82をひく。

2 □にあう数を書きましょう。 【1問 10点】

①
```
        9
11) 9 9
    9 9
     0
```

②
```
        □
51) 6 4
    □□
    □□
```

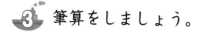

③ 筆算をしましょう。

① 61)81

② 71)90

③ 51)79

④ 41)75

⑤ 41)98

⑥ 11)55

答えあわせをして，
まちがえたところは
直してね。

月　日

点

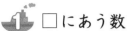

□にあう数を書きましょう。　　　　【□1つ　5点】

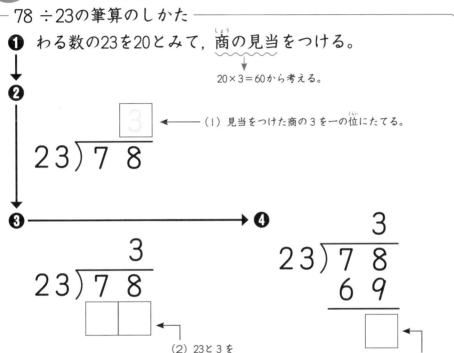

78 ÷ 23の筆算のしかた

❶ わる数の23を20とみて，商の見当をつける。

20×3＝60から考える。

❷ 　　　3　←──（1）見当をつけた商の3を一の位にたてる。

23)７ ８

❸ ──────────────→ ❹

3
23)７ ８

（2）23と3をかける。

3
23)７ ８
　　６ ９

（3）78から69をひく。

□にあう数を書きましょう。　　　　【1問　10点】

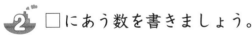

①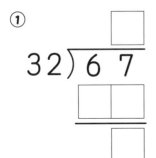

32)６ ７

②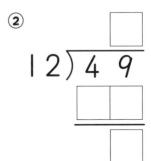

12)４ ９

① $22\overline{)88}$

④ $43\overline{)91}$

② $12\overline{)39}$

⑤ $33\overline{)74}$

③ $32\overline{)68}$

⑥ $63\overline{)83}$

商の見当のつけかたが
わかってきたかな。

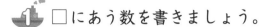

18 2けた÷2けた④

⚓ □にあう数を書きましょう。

【□1つ　4点】

① 85÷23の筆算のしかた

わる数の23を20とみて，20×4＝80から，商の見当を4とする。

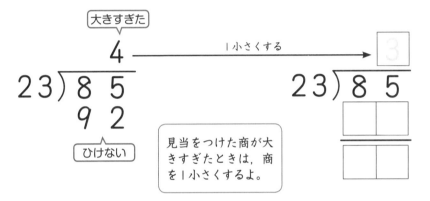

> 見当をつけた商が大きすぎたときは，商を1小さくするよ。

② 82÷12の筆算のしかた

わる数の12を10とみて，10×8＝80から，商の見当を8とする。

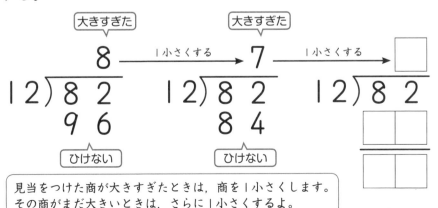

> 見当をつけた商が大きすぎたときは，商を1小さくします。
> その商がまだ大きいときは，さらに1小さくするよ。

2 □にあう数を書きましょう。 【1問 10点】

①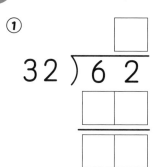

$$32\overline{)62}$$

②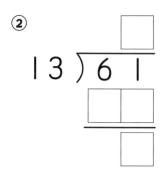

$$13\overline{)61}$$

3 筆算をしましょう。 【1問 10点】

① $42\overline{)83}$

③ $33\overline{)90}$

② $22\overline{)65}$

④ $13\overline{)50}$

商の見当を直すもの
が多いね。

月 日

点

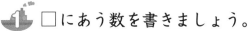

1 □にあう数を書きましょう。 【□1つ 4点】

81÷17の筆算のしかた

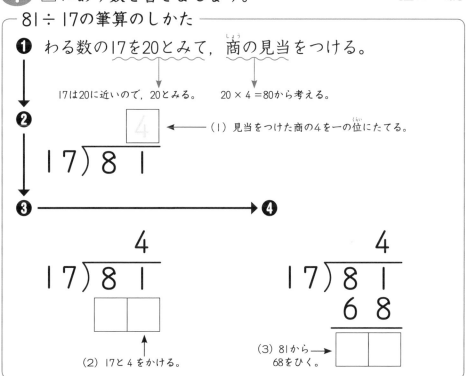

❶ わる数の17を20とみて，商の見当をつける。

17は20に近いので，20とみる。 20×4＝80から考える。

❷ 4 ← （1）見当をつけた商の4を一の位にたてる。

17)8 1

❸ ➞ ❹

　　4
17)8 1

（2）17と4をかける。

　　4
17)8 1
　6 8

（3）81から→ 68をひく。

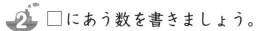

2 □にあう数を書きましょう。 【1問 10点】

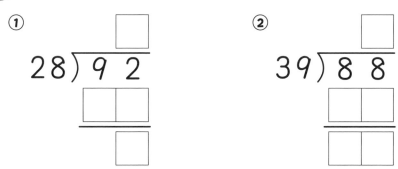

① 28)9 2

② 39)8 8

① 18)84

④ 29)97

② 27)68

⑤ 19)90

③ 38)82

⑥ 17)46

ていねいに計算しよう！

20 2けた÷2けた⑥

1 □にあう数を書きましょう。　【□1つ　5点】

① 92÷18の筆算のしかた

わる数の18を20とみて，20×4＝80から，商の見当を4とする。

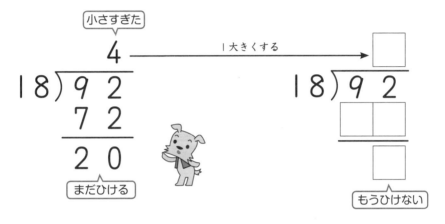

小さすぎた

1大きくする

まだひける

もうひけない

② 59÷19の筆算のしかた

わる数の19を20とみて，20×2＝40から，商の見当を2とする。

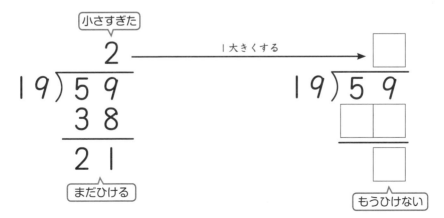

小さすぎた

1大きくする

まだひける

もうひけない

2 □にあう数を書きましょう。 【1問 10点】

①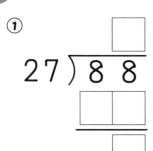

②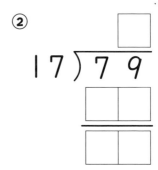

3 筆算をしましょう。 【1問 10点】

① 28)86

③ 37)77

② 18)74

④ 19)97

あまりが大きすぎないか，注意してね。

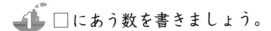 □にあう数を書きましょう。　　　　　【□1つ 5点】

●46÷15の筆算のしかた

① わる数の15を10とみて，10×4＝40から，商の見当を4とする。

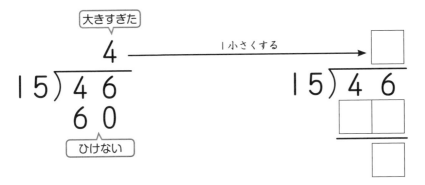

② わる数の15を20とみて，20×2＝40から，商の見当を2とする。

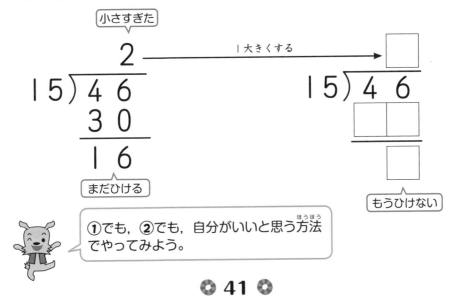

①でも，②でも，自分がいいと思う方法でやってみよう。

2 □にあう数を書きましょう。 【1問 10点】

①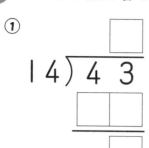

②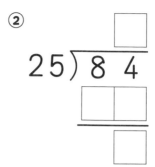

3 筆算をしましょう。 【1問 10点】

① 16)39

③ 15)65

② 24)81

④ 26)80

月　日

点

1 □にあう数を書きましょう。

【1問　8点】

① 15)81

④ 17)64

② 14)90

⑤ 25)75

③ 16)73

あまりが, わる数よりも
大きくなっていないか,
気をつけてね。

2 筆算をしましょう。

① 24$\overline{)98}$

④ 26$\overline{)69}$

② 44$\overline{)91}$

⑤ 45$\overline{)89}$

③ 36$\overline{)92}$

⑥ 37$\overline{)74}$

2けた÷2けたの計算はこれで終わり！
よくがんばったね！

月　日

点

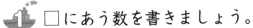

1 □にあう数を書きましょう。　　　　【□1つ　8点】

── 158 ÷ 31の筆算のしかた ──

❶ 百の位の計算

31)１５８

(1) 1 ÷ 31だから，百の位に商はたたない。

❷ 十の位の計算

31)１５８

(2) 15 ÷ 31だから，十の位に商はたたない。

❸ 一の位の計算　　□

31)１５８

(3) わる数の31を30とみて，
　　30 × 5 ＝ 150から，商の見当を5とする。

❹

```
       5
31)１５８
  □ □ □
    □
```

(4) 31と5をかける。
　　158から155をひく。

わられる数が3けたになっても，
今までと同じように計算するよ。

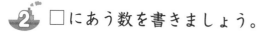 **□にあう数を書きましょう。**

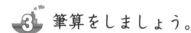 【1問　10点】

①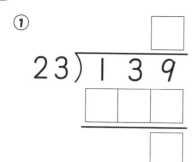

②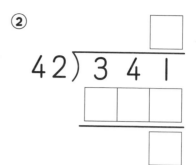

③ **筆算をしましょう。**

【1問　10点】

① 51)372

③ 32)256

② 19)131

④ 28)163

位をまちがえないように、
きちんとそろえて書こうね！

24 3けた÷2けた②

1 □にあう数を書きましょう。　　　　　　　【□1つ　4点】

① 413 ÷ 52の筆算のしかた

　　わる数の52を50とみて，50×8＝400から，商の見当を8とする。

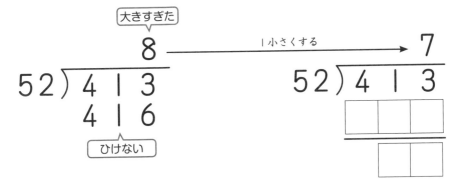

② 169 ÷ 28の筆算のしかた

　　わる数の28を30とみて，30×5＝150から，商の見当を5とする。

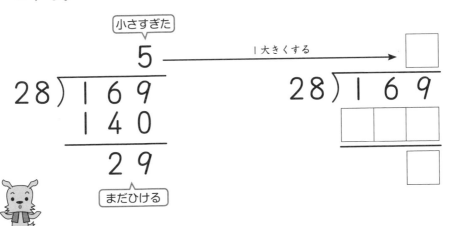

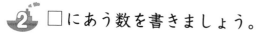

2 □にあう数を書きましょう。

【1問　10点】

①

$$61 \overline{)421}$$

②

$$18 \overline{)156}$$

3 筆算をしましょう。

【1問　10点】

① $19 \overline{)134}$

③ $43 \overline{)338}$

② $25 \overline{)157}$

④ $72 \overline{)420}$

25 3けた÷2けた③

点

 □にあう数を書きましょう。　　　【□1つ　4点】

─ 439 ÷ 31の筆算のしかた ─

❶ 百の位の計算

$$31) \overline{439}$$

（1）4÷31だから，百の位に商はたたない。

❷ 十の位の計算

```
        □
  31) 4 3 9
      □ □
     ─────
      □ □
```

（2）43÷31で，十の位に1をたてる。
　　43÷31＝1あまり12

❸ 一の位の計算

```
        1 □
  31) 4 3 9
      3 1
     ─────
      1 2 9
      □ □ □
     ─────
          □
```

（3）9をおろす。
　　129÷31で，一の位に4をたてる。
　　129÷31＝4あまり5

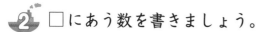

② □にあう数を書きましょう。

①

27) 6 1 1

②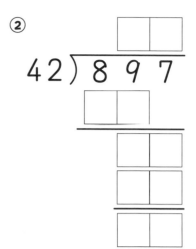

42) 8 9 7

③ 筆算をしましょう。

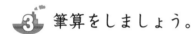

① 19) 8 0 2

③ 32) 7 5 0

② 22) 5 3 4

④ 61) 8 3 6

26 3けた÷2けた④

点

 □にあう数を書きましょう。

【1問 10点】

① 679÷13の筆算のしかた
わる数の13を10とみて，
10×6＝60から，商の見
当を6とする。

② 881÷28の筆算のしかた
わる数の28を30とみて，
30×2＝60から，商の見当
を2とする。

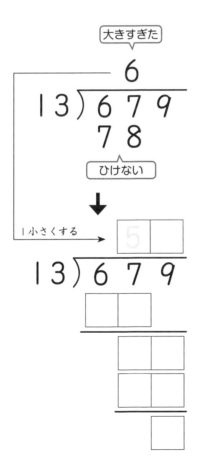

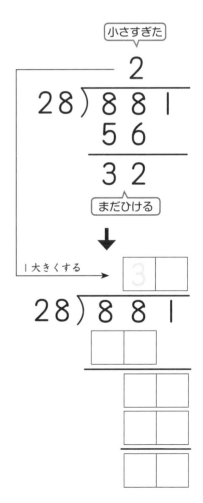

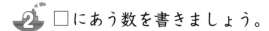

2 □にあう数を書きましょう。

①

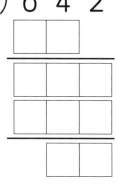

$$25 \overline{)642}$$

②

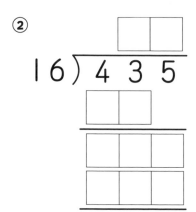

$$16 \overline{)435}$$

3 筆算をしましょう。

① $34 \overline{)863}$

③ $24 \overline{)670}$

② $19 \overline{)594}$

④ $15 \overline{)726}$

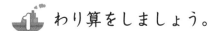 わり算をしましょう。　【1問　5点】

① 4)56

③ 7)746

② 3)76

④ 5)417

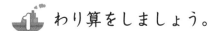 わり算をしましょう。　【1問　10点】

① 21)94

② 32)71

3 わり算をしましょう。

① 23〉64

② 43〉81

③ 27〉82

④ 32〉163

⑤ 29〉935

⑥ 14〉318

ヤッター！
これで
終わり！

1 九九のぎゃく
P1・2

1
① 2　⑥ 6
② 5　⑦ 7
③ 2　⑧ 8
④ 7　⑨ 9
⑤ 7　⑩ 8

2
① 6　⑦ 3
② 4　⑧ 8
③ 9　⑨ 5
④ 4　⑩ 9
⑤ 3　⑪ 9
⑥ 7　⑫ 7

2 九九のぎゃくのわり算
P3・4

1
① 3, 6
② 5, 8
③ 6, 4
④ 4, 7
⑤ 9, 7

2
① 5　⑧ 9
② 8　⑨ 8
③ 1　⑩ 8
④ 8　⑪ 6
⑤ 9　⑫ 0
⑥ 6　⑬ 7
⑦ 7　⑭ 9

3 あまりのあるわり算①
P5・6

1
① ⑦, ⑤, ⑥
② ⑥, ⑦, ⑤

2
① 5
② 5（あまり）1
③ 5（あまり）2
④ 6
⑤ 6（あまり）1

3
① 5あまり2　⑦ 2あまり6
② 7あまり1　⑧ 3あまり7
③ 3あまり3　⑨ 6あまり4
④ 7あまり4　⑩ 8あまり5
⑤ 6あまり2　⑪ 8あまり4
⑥ 5あまり1　⑫ 7あまり3

1 ① 19÷5= 3 あまり 4
　　（たしかめ）5× 3 + 4 =19
② 46÷8= 5 あまり 6
　　（たしかめ）8× 5 + 6 =46
③ 33÷6= 5 あまり 3
　　（たしかめ）6× 5 + 3 =33

2 ① 2×6+1=13
② 7×5+6=41

3
① 4 あまり1	⑦ 3 あまり4
② 8 あまり1	⑧ 8 あまり4
③ 5 あまり1	⑨ 4 あまり8
④ 7 あまり3	⑩ 7 あまり1
⑤ 8 あまり1	⑪ 7 あまり2
⑥ 3 あまり5	⑫ 8 あまり7

1
① 30	⑥ 50
② 20	⑦ 40
③ 10	⑧ 70
④ 30	⑨ 90
⑤ 90	⑩ 40

2
① 3	⑥ 9
② 2	⑦ 6
③ 3	⑧ 4
④ 2 あまり10	⑨ 6 あまり40
⑤ 4 あまり10	⑩ 7 あまり50

1
① 22	④ 19
② 34	⑤ 46
③ 57	

2
① 44	⑥ 56
② 60	⑦ 2
③ 44	⑧ 63
④ 35	⑨ 19
⑤ 6	⑩ 16

1 ① 84
② 52
③ 60
④ (1) 8
 (2) 6
⑤ 74

2 ① 75
② 70
③ 68
④ 86
⑤ 72
⑥ 78
⑦ 86
⑧ 42
⑨ 95
⑩ 99

1 ① 5, 5
② 4 (あまり) 2

```
      4
3)1 4
  1 2
    2
```

2 ①
```
      6
4)2 4
  2 4
    0
```
②
```
      8
5)4 3
  4 0
    3
```

3 ①
```
    4
2)9
  8
  1
```
④
```
      4
7)3 4
  2 8
    6
```
②
```
      6
8)4 8
  4 8
    0
```
⑤
```
      8
6)5 3
  4 8
    5
```
③
```
      6
9)6 0
  5 4
    6
```
⑥
```
      7
4)3 1
  2 8
    3
```

1 ❶
```
    1
2)2 6
  2
```
❸
```
    1 3
2)2 6
  2
    6
    6
    0
```
❷
```
      1
2)2 6
  2
    6
```

2 ①
```
    2 1
4)8 4
  8
    4
    4
    0
```
②
```
    1 5
5)7 5
  5
    2 5
    2 5
    0
```

3 ①
```
    3 1
3)9 3
  9
    3
    3
    0
```
③
```
    1 6
5)8 0
  5
    3 0
    3 0
    0
```
②
```
    1 3
4)5 2
  4
    1 2
    1 2
    0
```
④
```
    1 3
3)3 9
  3
    9
    9
    0
```

①
```
    1
6)7 8
  6
  1
```

②
```
    1
6)7 8
  6
  1 8
```

③
```
   1 3
6)7 8
  6
  1 8
  1 8
    0
```

①
```
   1 1
7)7 7
  7
    7
    7
    0
```

②
```
   1 2
8)9 6
  8
  1 6
  1 6
    0
```

①
```
   1 4
6)8 4
  6
  2 4
  2 4
    0
```

③
```
   1 0
9)9 0
  9
    0
```
はぶいてもよい。{
```
    0
    0
```

②
```
   1 3
7)9 1
  7
  2 1
  2 1
    0
```

④
```
   1 2
7)8 4
  7
  1 4
  1 4
    0
```

①
```
    1
4)6 7
  4
  2
```

②
```
    1
4)6 7
  4
  2 7
```

③
```
   1 6
4)6 7
  4
  2 7
  2 4
    3
```

①
```
   2 4
2)4 9
  4
    9
    8
    1
```

②
```
   1 6
5)8 3
  5
  3 3
  3 0
    3
```

①
```
   3 1
3)9 5
  9
    5
    3
    2
```

③
```
   1 4
5)7 1
  5
  2 1
  2 0
    1
```

②
```
   1 6
2)3 3
  2
  1 3
  1 2
    1
```

④
```
   2 0
4)8 2
  8
    2
```
はぶいてもよい。{
```
    0
    2
```

12

❶①
```
    1
6)7 5
  6
  1
```

❸
```
  1 2
6)7 5
  6
  1 5
  1 2
    3
```

❶②
```
    1
6)7 5
  6
  1 5
```

❷①
```
  1 1
7)7 8
  7
  8
  7
  1
```

②
```
  1 2
8)9 7
  8
  1 7
  1 6
    1
```

❸①
```
  1 0
9)9 5
  9
  5
```
はぶいても
よい。{ 0 / 5 }

③
```
  1 2
7)8 6
  7
  1 6
  1 4
    2
```

②
```
  1 3
6)8 3
  6
  2 3
  1 8
    5
```

④
```
  1 0
8)8 7
  8
  7
```
はぶいても
よい。{ 0 / 7 }

13

❶①
```
    1
5)7 6 9
  5
  2
```

❸
```
  1 5 3
5)7 6 9
  5
  2 6
  2 5
    1 9
    1 5
      4
```

❶②
```
  1 5
5)7 6 9
  5
  2 6
  2 5
    1
```

❷①
```
  2 3 1
3)6 9 3
  6
  9
  9
  3
  3
  0
```

②
```
  2 1 6
4)8 6 5
  8
  6
  4
  2 5
  2 4
    1
```

❸①
```
  1 6 1
6)9 6 8
  6
  3 6
  3 6
    8
    6
    2
```

③
```
  1 0 7
9)9 6 7
  9
```
はぶいても
よい。{ 6 / 0 }
```
  6 7
  6 3
    4
```

②
```
  1 2 0
7)8 4 2
  7
  1 4
  1 4
    2
```
はぶいても
よい。{ 0 / 2 }

59

1 ❷
```
      5
5)2 6 4
  2 5
    1
```

❸
```
    5 2
5)2 6 4
  2 5
    1 4
    1 0
      4
```

2 ①
```
    7 3
6)4 3 8
  4 2
    1 8
    1 8
      0
```

②
```
    8 1
7)5 6 9
  5 6
      9
      7
      2
```

3 ①
```
    7 8
3)2 3 5
  2 1
    2 5
    2 4
      1
```

③
```
    9 4
4)3 7 6
  3 6
    1 6
    1 6
      0
```

②
```
    6 7
8)5 4 1
  4 8
    6 1
    5 6
      5
```

④
```
    9 0
9)8 1 3
  8 1
      3
```
はぶいて もよい。{ 0
　　　　　　　　　3

1 ❷4　　❸84　　❹2

2 ①
```
      3
31)9 5
   9 3
     2
```

②
```
      3
21)6 7
   6 3
     4
```

3 ①
```
      2
21)4 5
   4 2
     3
```

④
```
      2
31)6 5
   6 2
     3
```

②
```
      3
21)6 5
   6 3
     2
```

⑤
```
      3
31)9 9
   9 3
     6
```

③
```
      3
21)7 5
   6 3
    1 2
```

⑥
```
      2
41)8 7
   8 2
     5
```

1 ❷2　　❸82　　❹7

2 ①
```
      9
11)9 9
   9 9
     0
```

②
```
      1
51)6 4
   5 1
    1 3
```

3 ①
```
      1
61)8 1
   6 1
    2 0
```

④
```
      1
41)7 5
   4 1
    3 4
```

②
```
      1
71)9 0
   7 1
    1 9
```

⑤
```
      2
41)9 8
   8 2
    1 6
```

③
```
      1
51)7 9
   5 1
    2 8
```

⑥
```
      5
11)5 5
   5 5
     0
```

1 ❷ 3 ❸ 69 ❹ 9

2 ①
```
        2
32)6 7
   6 4
     3
```
②
```
        4
12)4 9
   4 8
     1
```

3 ①
```
        4
22)8 8
   8 8
     0
```
④
```
        2
43)9 1
   8 6
     5
```
②
```
        3
12)3 9
   3 6
     3
```
⑤
```
        2
33)7 4
   6 6
     8
```
③
```
        2
32)6 8
   6 4
     4
```
⑥
```
        1
63)8 3
   6 3
   2 0
```

1 ①
```
        3
23)8 5
   6 9
   1 6
```
②
```
        6
12)8 2
   7 2
   1 0
```

2 ①
```
        1
32)6 2
   3 2
   3 0
```
②
```
        4
13)6 1
   5 2
     9
```

3 ①
```
        1
42)8 3
   4 2
   4 1
```
③
```
        2
33)9 0
   6 6
   2 4
```
②
```
        2
22)6 5
   4 4
   2 1
```
④
```
        3
13)5 0
   3 9
   1 1
```

1 ❷ 4 ❸ 68 ❹ 13

2 ①
```
        3
28)9 2
   8 4
     8
```
②
```
        2
39)8 8
   7 8
   1 0
```

3 ①
```
        4
18)8 4
   7 2
   1 2
```
④
```
        3
29)9 7
   8 7
   1 0
```
②
```
        2
27)6 8
   5 4
   1 4
```
⑤
```
        4
19)9 0
   7 6
   1 4
```
③
```
        2
38)8 2
   7 6
     6
```
⑥
```
        2
17)4 6
   3 4
   1 2
```

1 ①
```
      5
18)9 2
   9 0
     2
```
②
```
      3
19)5 9
   5 7
     2
```

2 ①
```
      3
27)8 8
   8 1
     7
```
②
```
      4
17)7 9
   6 8
    1 1
```

3 ①
```
      3
28)8 6
   8 4
     2
```
③
```
      2
37)7 7
   7 4
     3
```
②
```
      4
18)7 4
   7 2
     2
```
④
```
      5
19)9 7
   9 5
     2
```

1 ①
```
      3
15)4 6
   4 5
     1
```
②
```
      3
15)4 6
   4 5
     1
```

2 ①
```
      3
14)4 3
   4 2
     1
```
②
```
      3
25)8 4
   7 5
     9
```

3 ①
```
      2
16)3 9
   3 2
     7
```
③
```
      4
15)6 5
   6 0
     5
```
②
```
      3
24)8 1
   7 2
     9
```
④
```
      3
26)8 0
   7 8
     2
```

1 ①
```
      5
15)8 1
   7 5
     6
```
④
```
      3
17)6 4
   5 1
    1 3
```
②
```
      6
14)9 0
   8 4
     6
```
⑤
```
      3
25)7 5
   7 5
     0
```
③
```
      4
16)7 3
   6 4
     9
```

2 ①
```
      4
24)9 8
   9 6
     2
```
④
```
      2
26)6 9
   5 2
    1 7
```
②
```
      2
44)9 1
   8 8
     3
```
⑤
```
      1
45)8 9
   4 5
    4 4
```
③
```
      2
36)9 2
   7 2
    2 0
```
⑥
```
      2
37)7 4
   7 4
     0
```

62

1 **❸** 5

❹
```
        5
31) 1 5 8
    1 5 5
        3
```

2 **①**
```
          6
23) 1 3 9
    1 3 8
        1
```

②
```
          8
42) 3 4 1
    3 3 6
        5
```

3 **①**
```
          7
51) 3 7 2
    3 5 7
      1 5
```

③
```
          8
32) 2 5 6
    2 5 6
        0
```

②
```
          6
19) 1 3 1
    1 1 4
      1 7
```

④
```
          5
28) 1 6 3
    1 4 0
      2 3
```

1 **①**
```
          7
52) 4 1 3
    3 6 4
      4 9
```

②
```
          6
28) 1 6 9
    1 6 8
        1
```

2 **①**
```
          6
61) 4 2 1
    3 6 6
      5 5
```

②
```
          8
18) 1 5 6
    1 4 4
      1 2
```

3 **①**
```
        7
19) 1 3 4
    1 3 3
        1
```

③
```
        7
43) 3 3 8
    3 0 1
      3 7
```

②
```
        6
25) 1 5 7
    1 5 0
        7
```

④
```
        5
72) 4 2 0
    3 6 0
      6 0
```

1 **❷**
```
        1
31) 4 3 9
    3 1
    1 2
```

❸
```
      1 4
31) 4 3 9
    3 1
    1 2 9
    1 2 4
        5
```

2 **①**
```
      2 2
27) 6 1 1
    5 4
    7 1
    5 4
    1 7
```

②
```
      2 1
42) 8 9 7
    8 4
    5 7
    4 2
    1 5
```

3 **①**
```
        4 2
19) 8 0 2
    7 6
    4 2
    3 8
      4
```

③
```
        2 3
32) 7 5 0
    6 4
    1 1 0
      9 6
      1 4
```

②
```
        2 4
22) 5 3 4
    4 4
    9 4
    8 8
      6
```

④
```
        1 3
61) 8 3 6
    6 1
    2 2 6
    1 8 3
      4 3
```

26

①

①
```
      5 2
13) 6 7 9
    6 5
    2 9
    2 6
      3
```

②
```
      3 1
28) 8 8 1
    8 4
    4 1
    2 8
    1 3
```

②

①
```
      2 5
25) 6 4 2
    5 0
    1 4 2
    1 2 5
      1 7
```

②
```
      2 7
16) 4 3 5
    3 2
    1 1 5
    1 1 2
      3
```

③

①
```
      2 5
34) 8 6 3
    6 8
    1 8 3
    1 7 0
      1 3
```

③
```
      2 7
24) 6 7 0
    4 8
    1 9 0
    1 6 8
      2 2
```

②
```
      3 1
19) 5 9 4
    5 7
    2 4
    1 9
      5
```

④
```
      4 8
15) 7 2 6
    6 0
    1 2 6
    1 2 0
      6
```

27

①

①
```
     1 4
4) 5 6
   4
   1 6
   1 6
     0
```

③
```
      1 0 6
7) 7 4 6
   7
   4 6
   4 2
     4
```

②
```
     2 5
3) 7 6
   6
   1 6
   1 5
     1
```

④
```
     8 3
5) 4 1 7
   4 0
   1 7
   1 5
     2
```

②

①
```
        4
21) 9 4
    8 4
    1 0
```

②
```
        2
32) 7 1
    6 4
      7
```

③

①
```
        2
23) 6 4
    4 6
    1 8
```

④
```
        5
32) 1 6 3
    1 6 0
        3
```

②
```
        1
43) 8 1
    4 3
    3 8
```

⑤
```
       3 2
29) 9 3 5
    8 7
    6 5
    5 8
      7
```

③
```
        3
27) 8 2
    8 1
      1
```

⑥
```
       2 2
14) 3 1 8
    2 8
    3 8
    2 8
    1 0
```